Bibliografische Information der Deutschen Nationalbibliothek:

Die Deutsche Bibliothek verzeichnet diese Publikation in der Deutschen Nationalbibliografie; detaillierte bibliografische Daten sind im Internet über http://dnb.d-nb.de/ abrufbar.

Impressum:

Druck und Bindung: Books on Demand GmbH, Norderstedt Germany
ISBN: 9783668489646

Dieses Buch bei GRIN:

http://www.grin.com/de/e-book/371011/analyse-von-uebertragungsprotokollen-fuer-funksteckdosen

Claus Zöchling

Analyse von Übertragungsprotokollen für Funksteckdosen

GRIN Verlag

BACHELORARBEIT

zur Erlangung des akademischen Grades

„Bachelor of Science in Engineering" im Studiengang Elektronik und Wirtschaft

Analyse von Übertragungsprotokollen für Funksteckdosen

Ausgeführt von: Claus Zöchling

Wien, 23.01.2017

Kurzfassung

Drahtlose Steuerungsaufgaben in sogenannten Smart Homes, wie das Ansteuern von Lampen, TV Geräten, Garagentoren und vieles mehr, sind seit vielen Jahren aus unseren Haushalten nicht mehr wegzudenken. Zum einen sind am Markt befindliche Systeme komfortabel und finanziell erschwinglich geworden, zum anderen sind auch Laien imstande einfache Empfänger selbst zu installieren.

Doch wie sicher sind solche Systeme? Kann ein Nachbar oder Angreifer mit einer Fernbedienung des gleichen Models beziehungsweise des gleichen Protokolls meine Lampen steuern oder mein Garagentor öffnen?

Im ersten Teil dieser Arbeit werden die notwendigen Grundlagen erläutert, welche für eine erfolgreiche Funkübertragung notwendig sind.

Der zweite Teil beschäftigt sich auf empirischem Weg mit der Untersuchung von Protokollen und Sicherheitsaspekten für gängige sich am Markt befindliche Systeme.

Schlagwörter: Funkprotokoll, On-Off Keying (OOK), Modulation, Hopping Code, Funksteckdose

Abstract

Wireless home automation, such as driving lamps, TV sets, garage doors and much more has been standard for many years. On the one hand, systems that are on the market have become comfortable and affordable, on the other hand, a layman is also able to install simple receivers himself.

But how secure are such systems? Can a neighbor or attacker with a remote control of the same model or the same protocol control my lamps or open my garage door?

This dissertation is divided into two parts. In the first part of the work, the basics for a successful radio transmission are explained. The second part deals empirically with the investigation of protocols and safety aspects for common systems on the market.

Keywords: Radio protocol, on-off keying (OOK), modulation, hopping code, wireless socket

Inhaltsverzeichnis

1 Einleitung und Motivation

Begriffe wie Intelligentes Wohnen, Smart Home oder Hausautomation erfreuen sich immer größer werdender Beliebtheit. Tägliche Steuerungsaufgaben, welche früher manuell ausgeführt wurden, übernehmen in technikaffinen Haushalten Apps von Smartphones und Tablets oder werden überhaupt durch Sensoren mittels Funkübertragung ereignisgesteuert durchgeführt. Das Ansteuern von Lampen, Heizung und Markisen wird für jedermann möglich. Bei all den Annehmlichkeiten stellt man sich dennoch häufig die Frage: Sind diese Systeme sicher?
Das Angebot von Funksystemen zahlreicher Hersteller nimmt ständig zu, wodurch es schwierig geworden ist den Überblick zu bewahren. Das Gegenüberstellen aller sich am Markt befindlichen Funksysteme ist wegen der Vielfalt und der unterschiedlichen Ansprüche in Hinsicht auf Erweiterbarkeit, Eigenschaften und Kosten schwer.

Aus diesem Grund beschränkt sich diese Arbeit mit der Betrachtung der gängigsten Funkmodule wie Steckdosen, Schalter beziehungsweise Garagentoröffner im 433MHz Frequenzbereich. Obwohl sich viele unterschiedliche Hersteller am Markt tummeln, verwenden viele Produkte den gleichen Chipsatz, wodurch sich eine grobe Einteilung in drei Kategorien vornehmen lässt: Protokolle mit fixem Code, Protokolle mit anlernbarem Code und Protokolle, bei dem der Code bei jedem Verschicken variiert. Darüber hinaus unterscheiden sich die Produkte bezüglich des Komforts beim sogenannten Paaren des Senders mit dem Empfänger. Bei sicherheitskritischen Anwendungen, wie zum Beispiel Zutrittskontrollen zu Haus oder Auto, erfährt man auf welche Weise Schutzmechanismen das Mitlesen von Funkprotokollen für Angreifer verhindern sollen. Für den letzten Abschnitt wurden die in dieser Arbeit betrachteten Chipsätze mit einem Logic Analyzer ausgelesen und die Protokolle auf deren Richtigkeit hin überprüft.
Die Motivation des Autors war es einen Überblick über die gängigsten in Funkmodulen verwendeten Protokolle zu geben. Es soll das Wissen vermittelt werden zu entscheiden, welche Funkmodule sich für bestimmte Anwendungsfälle eignen.

2 Grundlagen

Dieser Abschnitt Grundlagen befasst sich einerseits mit den wichtigsten Grundbegriffen, die für das Verständnis im Bereich der Funkkommunikation beiträgt, andererseits mit der Informationsübertragung über den Funkkanal von der Nachrichtenquelle bis zur Nachrichtensenke. Abschließend werden gängige Funkprotokolle im Hinblick auf sicherheitskritischen Anwendungen einer genaueren Betrachtung unterzogen.

2.1 Grundbegriffe

Dieses Kapitel beschäftigt sich mit den wichtigsten Grundbegriffen aus der Funktechnik und bildet die Grundlage für das darauffolgende Kapitel der Informationsübertragung.

2.1.1 Bandbreite

Unter Bandbreite versteht man den Frequenzbereich, den Informationssignale bei der Übertragung in Anspruch nehmen können. Dieser Bereich wird sowohl im oberen als auch im unteren Frequenzbereich durch die -3dB Grenze bestimmt. Wird dieser Bereich überschritten gehen Informationen verloren, da ein Teil abgeschnitten wird.
Die Bandbreite für das ISM–Band im 433MHz Bereich geht zum Beispiel von 433,05 MHz bis 434,79 MHz [1, S. 3].
Bei größerer Bandbreite können mehr Informationen in der gleichen Zeit übertragen werden als bei kleiner Bandbreite (siehe Abbildung 1).

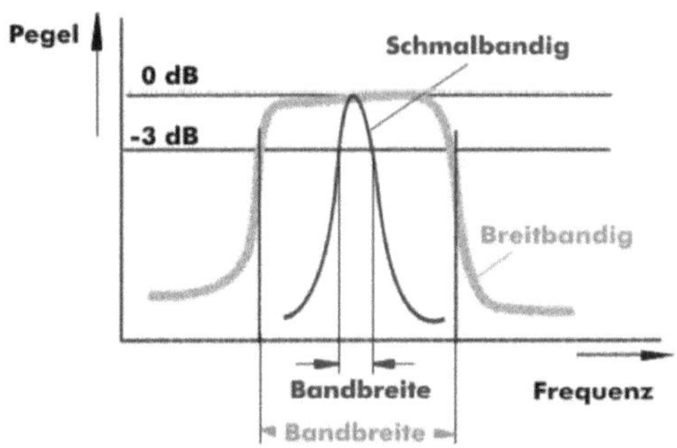

Abbildung 1: Bandbreite von schmal- und breitbandiger Übertragung [2]

2.1.2 Kanal

Da sich alle Benutzer eines Frequenzbandes dieses teilen müssen, wird dieser Bereich nochmals in kleinere Teile, sogenannte Kanäle, unterteilt. Somit können Überlastungen und Störungen in einem stark frequentierten Netz reduziert werden.
In diesem Bereich unterscheiden sich zum Beispiel auch kostengünstige Funkmodule von denjenigen, welche auf mehrere Kanäle eingestellt werden können (siehe Vergleich Funkmodule, Abbildung 2 und Abbildung 3). Dadurch kann bei schwacher Funkverbindung auf einen anderen Kanal gewechselt und somit die Verbindung aufrecht gehalten werden. Dieses Wechseln auf den Kanal mit der bestmöglichen Übertragungsqualität erfolgt bei manchen Funkmodulen auch automatisch.

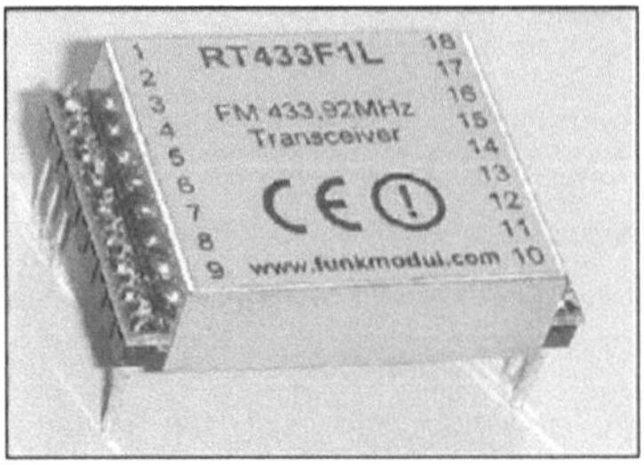

Abbildung 2: Funkmodul RT433F1 [3, S. 1]

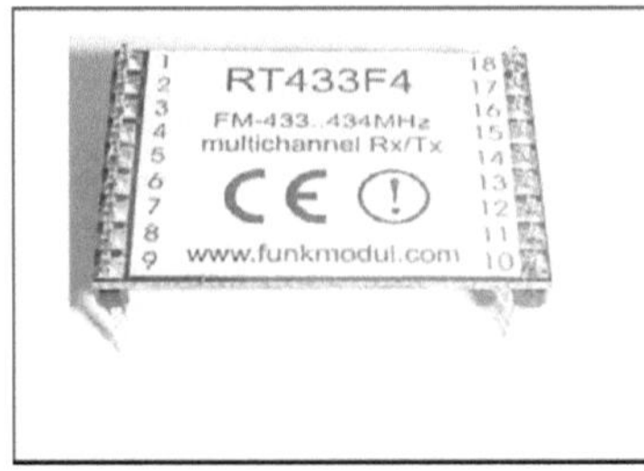

Abbildung 3: Funkmodul RT433F4 [4, S. 1]

Frequenzkanal: 433,92 MHz

Frequenzkanal:

0 = 433,19 MHz	5 = 433,96 MHz
1 = 433,34 MHz	6 = 434,11 MHz
2 = 433,50 MHz	7 = 434,27 MHz
3 = 433,65 MHz	8 = 434,42 MHz
4 = 433,80 MHz	9 = 434,57 MHz

2.1.3 Duplex (Simplex, Halbduplex, Vollduplex)

Ist es bei einer Funkverbindung lediglich notwendig Informationen in eine Richtung zu verschicken, so ist das Simplex-Verfahren ausreichend. In allen anderen und meist verwendeten Anwendungen greift man auf das Halb- bzw. Vollduplex-Verfahren zurück.
In beiden Fällen ist eine bidirektionale Kommunikation möglich. Während bei einer Vollduplex Verbindung Informationen zur gleichen Zeit ausgetauscht werden können da 2 Leitungen bzw. Kanäle zur Verfügung stehen, muss man sich beim Halbduplex Verfahren Maßnahmen überlegen, die diese Kommunikation bei nur einem vorhandenen Kanal ermöglicht. Dabei müssen die zu übertragenden Daten entweder zeitlich hintereinander verschickt werden oder ein Kanal muss auf Frequenzebene geteilt werden, sodass ein Teilfrequenzbereich für den Sender und der andere Bereich für den Empfänger zur Verfügung steht.
Den ersten Fall nennt man Time Division Duplex (TDD) oder auch Zeitduplexverfahren, welches in Abbildung 4 veranschaulicht wird. Da sich Sender und Empfänger bei der Übertragung abwechseln benötigt man lediglich einen Frequenzbereich, sodass man auf kostengünstige und handelsübliche Module zurückgreifen kann.

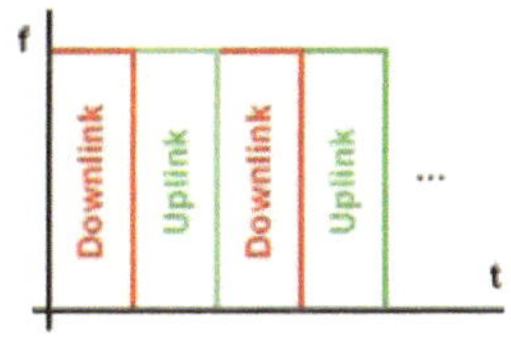

Abbildung 4: Time Division Duplex [5, Kap. Dublex und Dublexing]

Die zweite Möglichkeit wird Frequency Division Duplex (FDD) oder auch Frequenzduplexverfahren genannt (Abbildung 5). Da sich bei dieser Variante Sender und Empfänger ein Frequenzspektrum teilen, müssen die verwendeten Module auf den gewünschten Frequenzbereich einstellbar sein. Belohnt wird dieser Aufwand mit einer geringeren Latenzzeit und höheren Übertragungsraten.

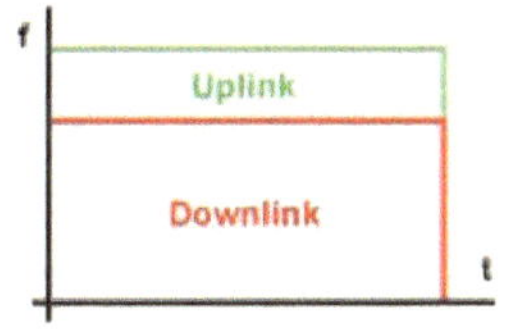

Abbildung 5: Frequency Division Duplex [5, Kap. Dublex und Dublexing]

Neben den zwei beschriebenen Varianten gibt es auch noch eine Mischform aus TDD und FDD. Obwohl 2 Kanäle zur Verfügung stehen handelt es sich dabei trotzdem um ein Halbduplexverfahren, da sich Sender und Empfänger bei der Kommunikation zeitlich abwechseln.

2.1.4 Schwingkreis

Bei der Betrachtung einer Antenne hilft es, sich zuerst einen Schwingkreis vorzustellen, welcher einen kapazitiven und einen induktiven Anteil besitzt.
Stellvertretend könnte man sich einen Kondensator C und eine Spule L denken, welche parallel zueinander geschalten sind (siehe Abbildung 6).

$t = 0$: Ausgegangen wird von einem geladenen Kondensator, d.h. es fließt kein Strom und es liegt ein elektrisches Feld vor (t=0), siehe Abbildung 6a.

$t = \frac{1}{4}T$: Beim Entladen des Kondensators nimmt das elektrische Feld ab und durch den fließenden Strom wird in der Spule ein magnetisches Feld erzeugt. Wenn die Spannung gegen Null geht und die maximale Stromstärke erreicht wird, ist die elektrische Energie in magnetische Energie umgewandelt, siehe Abbildung 6b.

t = $\frac{1}{2}T$: Nach der Lenz´schen Regel induziert das Magnetfeld Strom, der in der ursprünglichen Richtung weiterfließt, da der Strom nicht augenblicklich gegen Null gehen kann. Dies bewirkt, dass der Kondensator erneut aber mit gegensätzlicher Polarität aufgeladen wird, bis letztendlich ein maximales gegenpoliges elektrisches Feld entsteht, siehe Abbildung 6c.

t = $\frac{3}{4}T$ Ab nun findet der komplette Vorgang in gegenläufiger Richtung statt und am Ende des Vorgangs ist eine Periode T abgeschlossen, siehe Abbildung 6d.

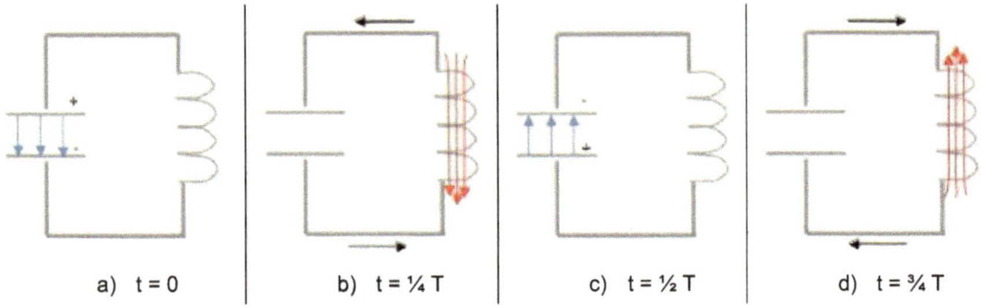

Abbildung 6: Schwingkreis [6]

2.1.5 Antenne (Dipol)

Antennen dienen einerseits als Sender dazu elektromagnetische Wellen in den freien Raum abzugeben und andererseits als Empfänger elektromagnetische Wellen in leitungsgebundene Wellen umzuwandeln.

Da in einem Schwingkreis (Abbildung 7a) die Wirkung des elektrischen Feldes des Kondensators nach außen kaum vorhanden ist wird der Plattenabstand vergrößert (Abbildung 7b). Wird der Plattenabstand noch weiter geöffnet bis man einen gestreckten Leiter erhält, spricht man von einem offenen Schwingkreis (Abbildung 7c). Dabei wirkt zwischen den Enden der Stäbe ein elektrisches Feld (grüne Feldlinien) während längs der Stäbe ein magnetisches Feld (Abbildung 7d) wirkt (violette Feldlinien). Wie bei einem geschlossenen Schwingkreis wechseln sich durch die Eigenresonanzfrequenz das elektrische und das magnetische Feld ab.

Wird dem in die Länge gezogenen Schwingkreis in der Mitte Energie zugeführt, entsteht die einfachste Antennenform, der Dipol (Abbildung 7e) [5, Kap. Antennen].

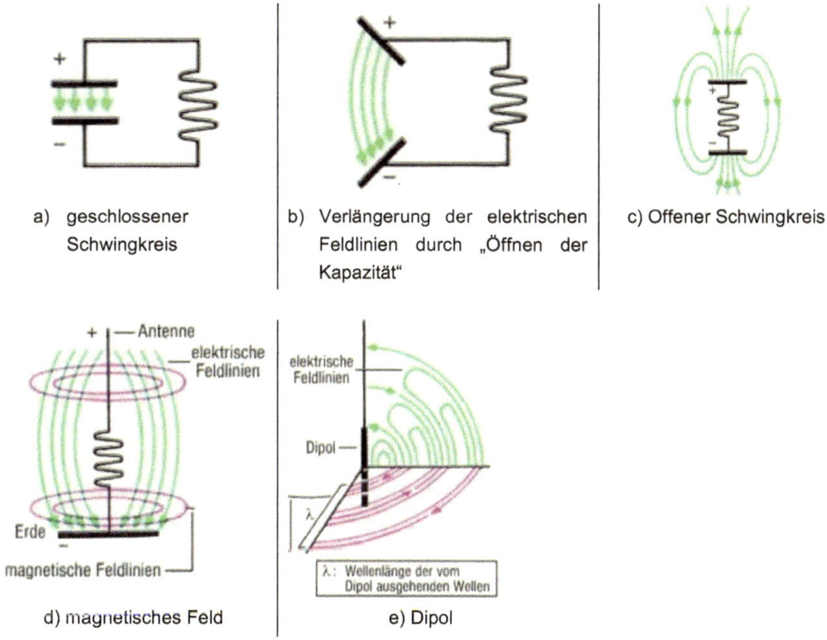

a) geschlossener Schwingkreis

b) Verlängerung der elektrischen Feldlinien durch „Öffnen der Kapazität“

c) Offener Schwingkreis

d) magnetisches Feld

e) Dipol

Abbildung 7: Dipol [7]

2.1.6 Störungen

Da die Funkübertragung selbst von physikalischen Störgrößen beeinflusst wird, ist sowohl die Signalqualität als auch die Reichweite von diesen abhängig.

Auch im Idealfall wird das Signal mit zunehmender Entfernung schwächer. Man spricht dabei von der Freiraumdämpfung, die einerseits von der Entfernung andererseits von der Frequenz abhängt. Die Frequenzabhängigkeit verläuft aber nicht linear. Die doppelte Frequenz würde für ein vierfach schwächeres Signal (Dämpfung) sorgen.

So ist die Reichweite eines Signals bei einer Frequenz von 900MHz 1050m, während bei 2,4GHz nur noch eine Reichweite von 175m erzielt wird [8, S. 81].

Weil die Wellenlänge bei höherer Frequenz kleiner ist, ist das zu übertragende Signal mit zunehmender Entfernung irgendwann zu schwach für eine erfolgreiche Signalübertragung.

Es gibt aber noch weitere Störgrößen wie Reflexion, Beugung, Durchdringung und Streuung, welche die Signalqualität beeinträchtigen können und in den folgenden Kapiteln genauer betrachtet werden (siehe Abbildung 8).

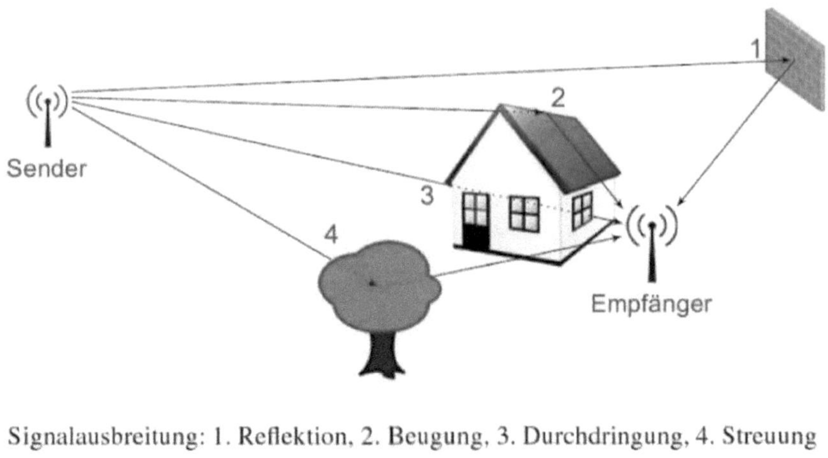

Abbildung 8: Signalausbreitung [9, S. 8]

2.1.6.1 Reflexion

Wenn keine Sichtverbindung zwischen Sender und Empfänger besteht, werden die Funkwellen an Hindernissen wie Hauswände usw. abgelenkt (siehe Abbildung 9). Man spricht dabei von sogenannten Reflexionen, wobei der Einfallswinkel gleich dem Reflexionswinkel ist. Während auf der einen Seite Reflexionen bei nicht bestehendem Sichtkontakt über längere Strecken der Signalübertragung helfen können, wird auf der anderen Seite dadurch die Signalstärke abgeschwächt. Glatte Flächen reflektieren dabei Funksignale stärker. In jedem Fall ist bei der Übertragung eine zeitliche Verzögerung wahrzunehmen, da eine größere Strecke überwunden werden muss.

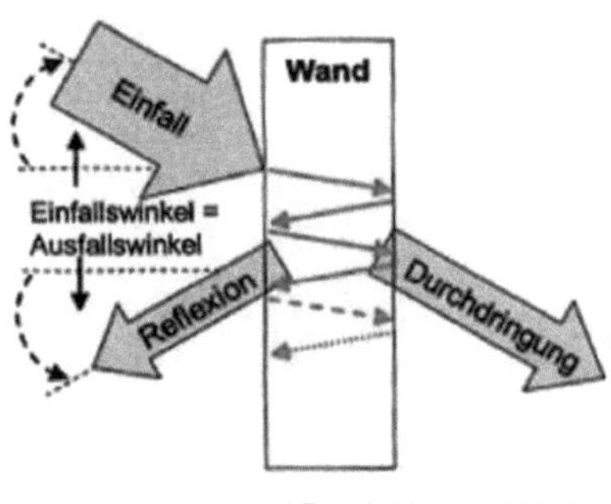

Abbildung 9: Reflexion und Durchdringung [10, S. 220]

2.1.6.2 Dämpfung und Absorption

Wenn Funksignale beim Auftreffen auf ein Hindernis nicht reflektiert werden sondern in die Fläche eintreten spricht man von einer Dämpfung. Das Ausmaß der Dämpfung hängt von der Oberflächenbeschaffung des Hindernisses ab. Je rauer die Fläche, desto stärker die Dämpfung. Ist die Dämpfung so stark, dass das Funksignal nicht mehr aus dem Hindernis austritt, spricht man von einer Absorption.
Funkwellen sind imstande Wände zu durchdringen, wobei je nach Material, Dicke und Wasseranteil im Material die Stärke des Signals abnimmt (siehe Abbildung 10).

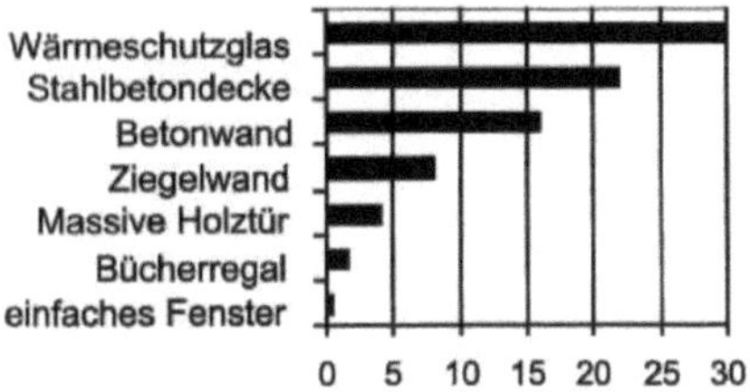

Abbildung 10: Dämpfung [dB] [10, S. 221]

Des Weiteren steigt der Grad der Dämpfung mit zunehmender Entfernung und Erhöhung des Frequenzbereiches.

2.1.6.3 Interferenzen

Wenn sich Funkwellen überlagern liegen Interferenzen vor. Je nach Signal können sich Funkwellen gegenseitig abschwächen beziehungsweise verstärken. Würde eine Funkwelle von einer Kopie mit einer halben Wellenlänge Zeitverschiebung überlagert werden, so würde diese Welle ausgelöscht werden. Je nach Verstärkung beziehungsweise Dämpfung des Signals spricht man von einer konstruktiven bzw. destruktiven Interferenz.

2.1.6.4 Beugung

Laut Roland Küng [11, S. 13] erlaubt die Beugung Funksignalen sogar hinter Objekte zu gelangen, falls sich der Empfänger tief im Schattenbereich befindet (Abbildung 11).
Dabei nimmt die Intensität mit zunehmender Frequenz f und zunehmenden Beugungswinkel β ab.

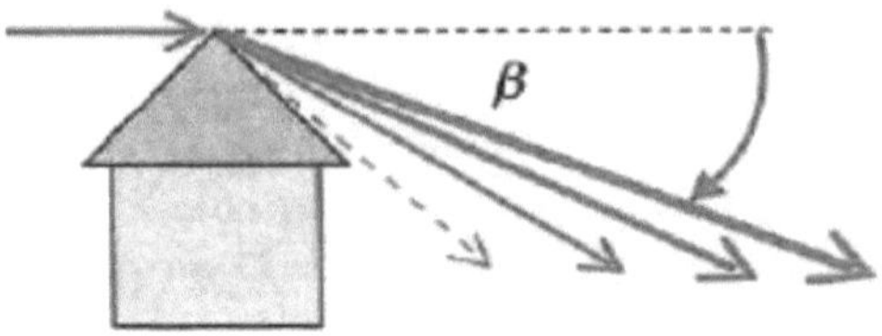

Abbildung 11: Beugung [10, S. 223]

2.2 Informationsübertragung

Bei der Funkübertragung wird zwischen einem leitungsorientierten und einem paketorientierten System unterschieden. Während bei Ersterem eine Verbindung bestehen muss, die ausschließlich dem gewünschten Empfänger zur Verfügung steht, wird beim paketorientierten System die Zieladresse für den jeweiligen Empfänger mitgeschickt. Allerdings kann bei dieser Methode der Zeitpunkt einer erfolgreichen Übertragung nicht garantiert werden. Deshalb spricht man hierbei auch von einer asynchronen Übertragung. Da bei Funksteckdosen die Zieladressen im Übertragungsprotokoll implementiert sind wird im weiteren Verlauf dieser Arbeit von der paketorientierten Übertragung ausgegangen.
In diesem Kapitel wird auf die Stationen einer Nachricht eingegangen, die auf dem Weg von der Nachrichtenquelle zur Nachrichtensenke notwendig sind (siehe Abbildung 12).

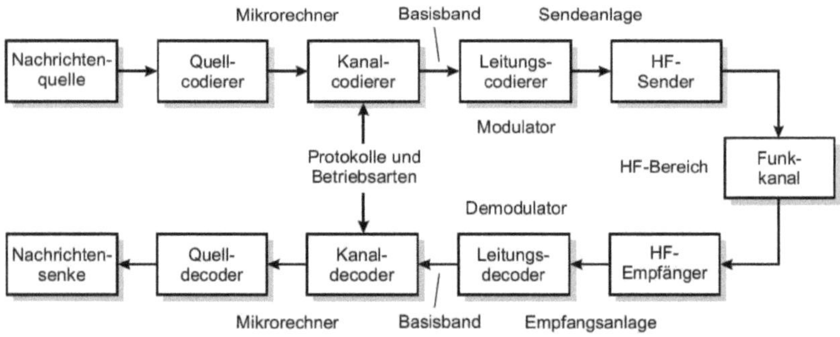

Abbildung 12: Struktur eines Funkkommunikationssystems [8, S. 73]

2.2.1 Quellcodierung

Bei der Quellcodierung müssen einerseits Informationen so dem Übertragungsmedium angepasst werden, dass eine Übertragung überhaupt möglich ist. Das kann zum Beispiel das ASCII-Zeichen „a" sein oder der Zustand eines Tasters, welcher dafür in eine Binärzahl umgewandelt werden müssen.

Andererseits werden Daten komprimiert, damit auf der einen Seite die Kapazität des Übertragungsmediums optimal ausgenutzt und auf der anderen Seite eine bessere Übertragungsgeschwindigkeit erzielt werden kann. Bei diesem Kompressionsverfahren wird aber noch keine Rücksicht auf den Kanal genommen, der für diese Übertragung zum Einsatz kommt.

Eine Möglichkeit dafür bietet der Huffman-Code, dessen vorrangiges Ziel ist, häufig verwendete Zeichen mit kurzen Codewörtern zu versehen und selten verwendete mit längeren Codewörtern [12, S. 18].

Im folgenden Beispiel [13] werden die Längen der Codewörter an die Häufigkeit der Buchstaben im Wort MISSISSIPPI angepasst. Stellvertretend könnten auch gleiche Bytes in einem langen String betrachtet werden.

M	P	I	S	Zeichen
1	2	4	4	Häufigkeit

Tabelle 1: Zeichenhäufigkeit

In einer Baumstruktur werden ganz unten die Buchstaben mit der geringsten Häufigkeit miteinander verbunden und deren Summe gebildet.

Dieser Prozess wird solange wiederholt, bis alle Buchstaben beziehungsweise Summen von Buchstaben zusammengefasst sind und sich ein sogenannter Huffman-Baum gebildet hat.

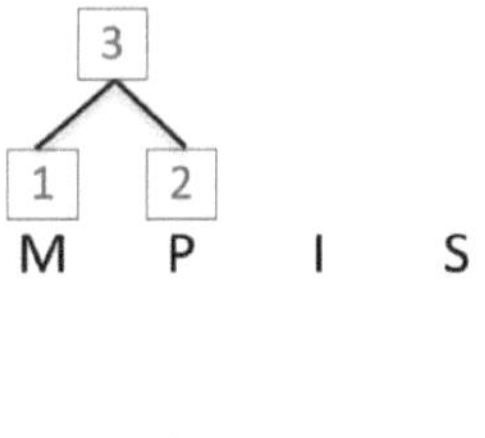

Abbildung 13: Baumstruktur 1

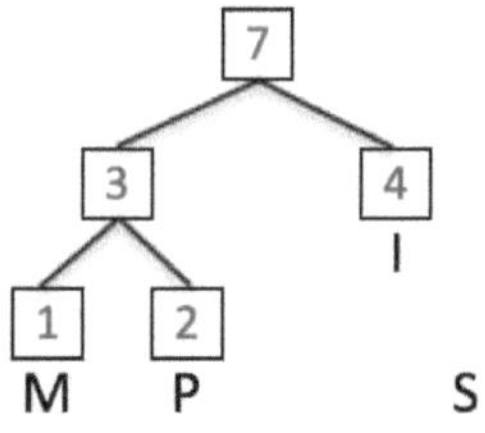

Abbildung 14: Baumstruktur 2

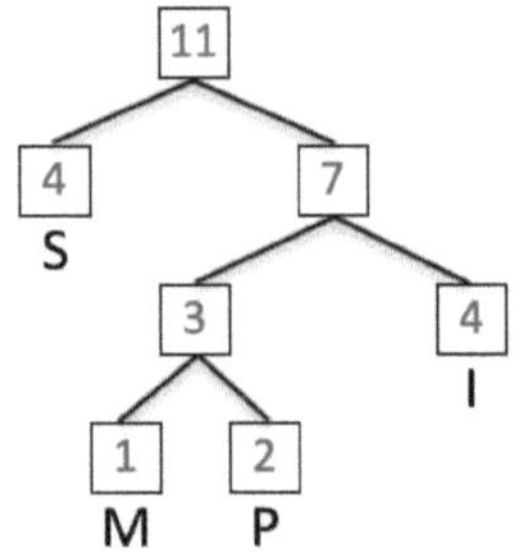

Abbildung 15: Baumstruktur 3

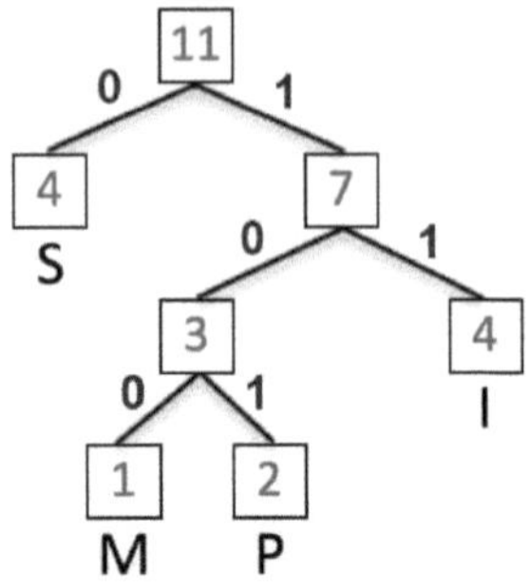

Abbildung 16: Baumstruktur 4

Zeichen	Code
S	0
I	11
P	101
M	100

Tabelle 2: Codetabelle

Anschließend werden alle Verzweigungen eines Knotens auf der linken Seite mit einer 0 und auf der rechten Seite mit einer 1 gekennzeichnet. Der Code ergibt sich indem alle Nullen beziehungsweise Einser von der Baumkrone bis zum jeweiligen Buchstaben hintereinander notiert werden.

Laut Höher [14, S. 59] ist es insbesondere in quellencodierten Übertragungs- und Speichersystemen notwendig, die Daten durch eine Kanalcodierung gegen Übertragungsfehler zu schützen.

2.2.2 Kanalcodierung

Unter der Kanalcodierung versteht man die Anpassung der zuvor komprimierten Daten an die Eigenschaften des jeweiligen Übertragungsmediums. Dabei wird versucht Fehler, welche beim Übertragungsvorgang entstehen zu identifizieren und wenn möglich zu beheben.

Solche Fehler können unter anderem physikalischer Natur sein, das heißt zum Beispiel ein Rauschen bei der Funkübertragung oder eine Störung durch einen benachbarten Kanal. Des Weiteren sind Daten die einer starken Komprimierung unterzogen wurden fehler- beziehungsweise störanfälliger.

Während es bei manchen Anwendungen möglich ist, bei einer Fehlererkennung die Übertragung zu wiederholen (zum Beispiel beim Einschalten des Lichts über eine Funksteckdose), ist dies bei vielen Anwendungen nicht möglich (etwa bei einer Motorsteuerung über Funk, wo sich ein zeitlicher Versatz störend auswirken würde). Trotzdem sollte auch im letzteren Fall eine Fehlerkennung möglich sein, um bei Bedarf Fehlercodes ausgeben und auf angemessene Art reagieren zu können.

Für eine Fehlererkennung stehen viele Möglichkeiten zur Verfügung. Eine sehr verbreitete Methode ist die Abfrage von „parity bits". Dabei wird die übertragende Zahl um ein Bit erweitert, welches Auskunft darüber gibt, ob die Anzahl der Einsern in der übermittelten Zahl gerade oder ungerade ist.

Beispiel:

101101**0** => parity bit = 0 (Zahl besteht aus gerader Anzahl von Einsern)

100101**1** => parity bit = 1 (Zahl besteht aus ungerader Anzahl von Einsen)

Allerdings ist dies nur eine sehr grobe Fehlererkennungsmethode, da beispielshalber ein Vertauschen von Bits nicht wahrgenommen werden würde. Auch der Wegfall von Nullen würde nicht erkannt werden und es können nur 1-Bit Fehler erkannt werden.

Ein bedeutend besseres Ergebnis kann mit der zyklischen Redundanzprüfung (Cyclic Redundancy Check) vorgenommen werden [8, S. 13f]. Beim CRC Verfahren kann ein beliebig langer Bitstream (Folge von 0 und 1) mit Hilfe einer errechneten Prüfsumme auf Korrektheit nach einer Datenübertragung untersucht werden. Dazu ist es notwendig, dass sowohl Sender als auch Empfänger den gleichen „Schlüssel", das sogenannte Generatorpolynom kennen. Der Vorteil dieses Verfahrens ist es, dass schon minimale Abwandlungen des Bitstrings die Prüfsumme enorm verändern, wodurch die Wahrscheinlichkeit, dass ein falscher Bitstring die gleiche Prüfsumme hat, sehr gering ist.

Beispiel:

Erstellung der Prüfsumme:

Generatorpolynom: $2^4 + 2^2$ = 10100 (Grad des Polynoms : 4)

Der Grad des Polynoms beträgt 4, weil der höchste Exponent 4 ist (2^4).

Zu übertragende Bitstream (willkürlich): 111010011011

An den Bitstring werden n Nullen angehängt, wobei n der Grad des Generatorpolynoms ist.

=> erweiterter Bitstring: 1110100110110000.

Der erweiterte Bitstring und das Generatorpolynom wird mit XOR verknüpft:

```
1 1 1 0 1 0 0 1 1 0 1 1 0 0 0 0
1 0 1 0 0
0 1 0 0 1 0
  1 0 1 0 0
  0 0 1 1 0 0 1
        1 0 1 0 0
      0 1 1 0 1 1
        1 0 1 0 0
        0 1 1 1 1 0
          1 0 1 0 0
          0 1 0 1 0 1
            1 0 1 0 0
            0 0 0 0 1 1 0 0 0
                    1 0 1 0 0
                    0 1 1 0 0 0
                      1 0 1 0 0
                    0 1 1 0 0 R
```

Der Rest von 1100 wird an den erweiterten Bitstring angehängt =>

neuer Bitstring:

```
1 1 1 0 1 0 0 1 1 0 1 1 0 0 0 0
+                         1 1 0 0
1 1 1 0 1 0 0 1 1 0 1 1 1 1 0 0
```

Dieser Bitstring 1110100110111100 kann nun übertragen werden.

Auf der Empfängerseite wird der empfangene Bitstring und dasselbe Generatorpolynom ebenfalls mit XOR verknüpft. Bei korrekter Übertragung erhält man bei dieser Verknüpfung keinen Rest.

```
1 1 1 0 1 0 0 1 1 0 1 1 1 1 0 0
1 0 1 0 0
0 1 0 0 1 0
  1 0 1 0 0
  0 0 1 1 0 0 1
        1 0 1 0 0
      0 1 1 0 1 1
        1 0 1 0 0
        0 1 1 1 1 0
          1 0 1 0 0
          0 1 0 1 0 1
            1 0 1 0 0
            0 0 0 0 1 1 1 1 0
                    1 0 1 0 0
                    0 1 0 1 0 0
                      1 0 1 0 0
                      0 0 0 0 0 R
```

Im folgenden Beispiel wird ein falscher String übertragen, was eine fehlerhafte Übertragung, etwa durch eine Störung, simuliert.

```
1 1 1 0 1 0 0 1 1 1 1 0 0 1 0 0
1 0 1 0 0
0 1 0 0 1 0
  1 0 1 0 0
  0 0 1 1 0 0 1
      1 0 1 0 0
      0 1 1 0 1 1
        1 0 1 0 0
        0 1 1 1 1 1
          1 0 1 0 0
          0 1 0 1 1 1
            1 0 1 0 0
            0 0 0 1 1 0 0 1
                  1 0 1 0 0
                  0 1 1 0 1 0
                    1 0 1 0 0
                    0 1 1 1 0 0
                      1 0 1 0 0
                      0 1 0 0 0 R
```

Wird nach einer XOR-Verknüpfung ein Rest festgestellt, ist das Protokoll fehlerhaft und das gesamte empfangene Datenpaket wird verworfen.

Anschließend müssen die digitalen Daten dem jeweiligen Kanal angepasst werden. Dieser Vorgang wird Leitungscodierung genannt. In unserem Fall gibt es zwar keine Leitung aber dieses Verfahren wird ebenso für Funkkanäle angewendet und nennt sich Modulation.

2.2.3 Modulation

Bei der Modulation werden Daten so aufbereitet, dass sie über die Luftschnittstelle übertragen werden können.
Dabei wird das Funk-Trägersignal (Grundschwingung in einem bestimmten Frequenzbereich) mit den zu übertragenden Signalen überlagert (moduliert). Bei Funkanwendungen werden hochfrequente sinusförmige Kurven als Trägersignal betrachtet. Dieses Trägersignal kann bezüglich Amplitude, Frequenz oder Phase beeinflusst beziehungsweise moduliert werden. Bei der folgenden Abbildung 17 wird eine digitale Bitfolgefolge 0110100 jeweils mit der Amplitudenmodulation (AM), Frequenzmodulation (FM) und der Phasenmodulation (PM) übertragen [5, Kap. Moderation/Moderationsverfahren]

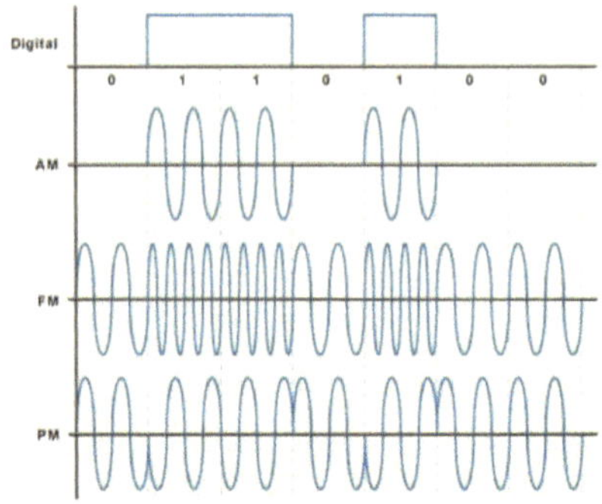

Digitales Signal: 0110100

Das Bit 0 löscht die Amplitude.
Das Bit 1 verändert die Amplitude nicht.

Das Bit 0 verändert die Frequenz nicht.
Das Bit 1 verdoppelt die Frequenz.

Das Bit 0 verändert die Phase nicht.
Das Bit 1 kehrt die Phase um.

Abbildung 17: Modulationsarten [5, Kap. Moderation/Moderationsverfahren]

2.2.4 Leitungskodierung

Bevor das Signal moduliert und übertragen wird bedarf es einer Signalbildung. Codierungsmethoden dafür gibt es viele, die Gängigsten werden im Anschluss beschrieben.

2.2.4.1 NRZ (Non Return to Zero)

Die sogenannte Non Return to Zero Methode besteht aus zwei Pegel, die jeweils für das Bit 0 und das Bit 1 stehen (siehe Abbildung 18). Mehrere hintereinander gesendete Low- oder Highpegel schließen einen Rückschluss auf die Taktinformation aus, da es dabei zu keiner Pegeländerung kommt. Deshalb müsste unter diesen Voraussetzungen ein eigener Taktkanal zur Verfügung stehen.
Der serielle RS-232 Bus arbeitet mit der NRZ-Codierung, ermöglicht dies aber mit einem fest angegebene Datenrahmen. Dieser Datenrahmen ist eine Art Vereinbarung zwischen Sender und Empfänger, die zum Beispiel ein Startbit, 8 Datenbits und zwei Stoppbits bedingt. Dadurch kann auch ohne separaten Kanal auf den Takt rückgeschlossen werden.

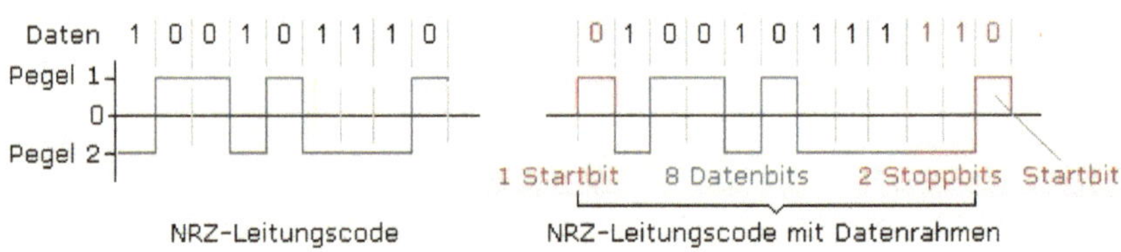

Abbildung 18: NRZ (Non Return to Zero) – Codierung [15]

2.2.4.2 RZ (Return to Zero)

Bei der Return to Zero Methode (Abbildung 19) gibt es neben den zwei Pegeln auch einen neutralen Zustand. Nach jeweils der halben Periodendauer des Taktes kehren sowohl der High-Pegel als auch der Low-Pegel wieder in den neutralen Zustand zurück.
Der Vorteil dieses Verfahrens liegt darin, dass auch bei mehrmaligem Senden des gleichen Zustandes der Takt ausgelesen werden kann ohne auf einen weiteren Kanal ausweichen zu müssen.

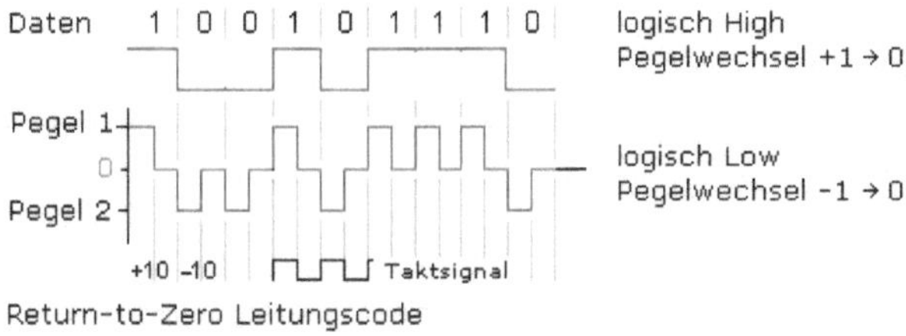

Abbildung 19: RZ (Return to Zero) – Codierung [15]

Es gibt bei dieser Variante auch die Sonderform unipolare RZ-Codierung, die lediglich mit zwei Pegel ohne neutralen Zustand auskommt und sich dadurch in einer Digitalschaltung besser umsetzen lässt. Dabei wird aber der Vorteil verspielt, bei gleichen hintereinander folgenden Signalzuständen ohne weitere Taktleitung auszukommen

2.2.4.3 Manchaster

Bei der Manchestercodierung wird jedes Signalbit geteilt, wodurch die Taktrate auf dem Datenkanal mitgeschickt wird.
Beim Ethernet-Standard signalisiert ein steigender Flankenwechsel in der Bitmitte den High-Zustand und ein fallender Flankenwechsel den Low-Zustand [16, S. 4]
In der Version der Manchester-Codierung nach G.E. Thomas ist es genau umgekehrt. Der High-Zustand wird von einem fallenden Flankenwechsel und der Low-Zustand von einem steigenden Flankenwechsel signalisiert.
Voraussetzung ist also, dass der Empfänger von der verwendeten Variante Kenntnise hat. Ist dies nicht der Fall, wird vor dem eigentlichen Datenstrom eine genau definierte Bitfolge (Präambel) geschickt [15].
Die Unterschiede der beiden Varianten werden in Abbildung 20 dargestellt.

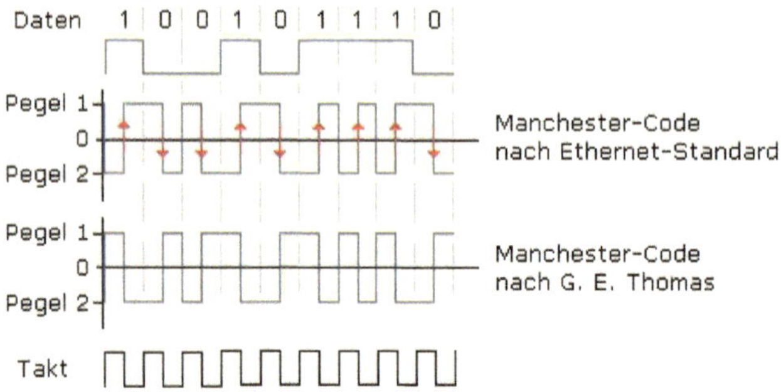

Abbildung 20: Manchester – Codierung [15]

Nach der Übertragung über den Funkkanal wird das Signal auf der Empfängerseite in umgekehrter Reihenfolge wieder für die Nachrichtensenke zurückverwandelt (Demodulator – Kanaldecoder – Quelldecoder), siehe Abbildung 21.

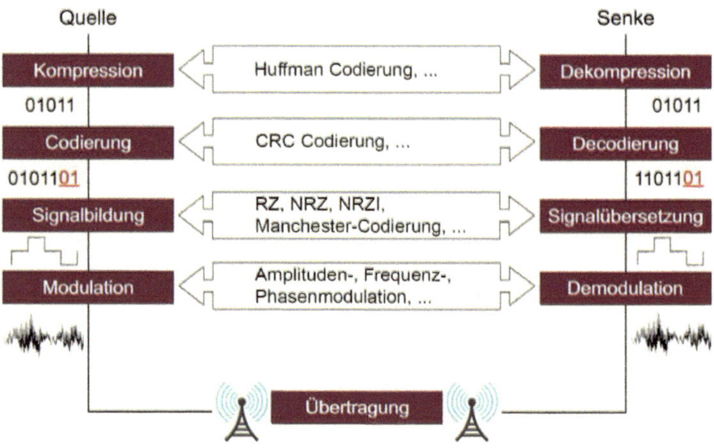

Abbildung 21: Signalübertragung via Funk [17, S. 2]

2.3 Sichere Übertragung

Funkgesteuerte Anwendungen findet man in fast allen Bereichen unseres Lebens, da sie einerseits in der Anwendung komfortabel, andererseits für jedermann erschwinglich geworden sind. Sei es für das Automatisieren bestimmter Aufgaben unserer Wohnung oder unserem Haus (Lampen, Heizung, Geräte wie TV, Kaffeemaschinen, …) oder für den

schlüssellosen Zutritt (Garagentor, Auto, ...) aber auch für schwer erreichbare Bereiche an Gebäuden wie Jalousien, Rolltore, Fenster und vieles mehr.
Während bei manchen Anwendungen der Sicherheitsaspekt keinen hohen Stellenwert hat (Ansteuern von Lampen oder ähnliches), würde ein fehlender Sicherheitsschutz bei anderen Anwendungen ein Sicherheitsrisiko zur Folge haben oder zum Beispiel ein Aberkennen des Versicherungsschutzes.

Funkmodule lassen sich bezüglich sicherer Übertragung grob in drei Kategorien einteilen (fixer Code, anlernbarer Code, Code-Hopping), die jeweils vom verwendetet Chipsatz im Modul abhängig sind.

2.3.1 Fixer Code

Bei der Variante mit fixem Code gibt es je nach Anzahl der am Chipsatz vorhandenen Adressbits eine bestimmte Anzahl an Möglichkeiten. Ein häufig für dieses Verfahren zum Einsatz kommender Chipsatz für den Encoder ist der PT2262. Die Adressbits können entweder vom Hersteller vorgegeben sein oder können mittels Dip- oder Drehschalter vom Benutzer selbst am Sender eingestellt werden. Oft gibt es auch eine Mischform, bei der einige der Adressbits fix eingestellt sind, der den sogenannten Hauscode darstellt, und weitere Bits vom Benutzer wählbar sind. Damit ist aus einer hohen Anzahl von Möglichkeiten sichergestellt, dass beispielsweise der Nachbar nicht den gleichen Adresscode für die Ansteuerung seiner Lampen oder ähnliches verwendet.
Die Auswertung und den Vergleich des gesendeten Adresssignals übernimmt ein passender Decoder Chipsatz wie zum Beispiel der PT2272. Diese Einstellung auf dieselbe Adresse muss manuell vorgenommen werden (bei Funksteckdosen meist über Dip- oder Drehschalter).
Diese Variante ist kostengünstig auch in Baumärkten und Supermärkten zu finden hat aber den Nachteil, dass immer derselbe Code übertragen wird. Das heißt mit geeigneten Mitteln (RF Sniffer) kann man den Code auslesen und mit einem Mikrocontroller und einem Funkmodul den notwendigen Code generieren.

2.3.2 Learning Code

Die Variante mit anlernbarem Code unterscheidet sich von der mit fixem Code dadurch, dass der verwendete Chipsatz des Empfängers nicht nur eine fixe Einstellungsmöglichkeit der Adressbits hat sondern die Option bietet, den Code eines Senders des gleichen Herstellers beziehungsweise des gleichen Protokolls anzulernen. Ein häufig für diese Variante verwendeter Encoder Chipsatz ist der EV1527, der mit der Einbindung von 20 Adressbits über 1 Million verschiedene Adressdaten ermöglicht. Der anlernbare Code hat den Vorteil, dass bei Verlust der Fernbedienung ein anderer Sender verwendet werden kann

beziehungsweise bei Diebstahl nach Anlernen der neuen Fernbedienung mit unterschiedlichem Code die gestohlene Fernbedienung nutzlos wird. Weiters können mit einem Mehrkanalsender mehrere Empfänger geschaltet werden. Die Anlernfunktion kann von einem passenden Decoder Chipsatz oder von einem Mikrocontroller übernommen werden. Die Anpassung an dieselbe Frequenz, sowohl beim Encoder als auch beim Decoder Chipsatz, muss mit Hilfe des passenden Widerstandes (laut Datenblatt des verwendeten Chipsatzes) vorgenommen werden.
Auch bei dieser Variante ändert sich der angelernte Code nicht und kann nach erfolgreichem Auslesen missbräuchlich verwendet werden.

2.3.3 Code-Hopping

Eine wesentlich bessere Stellung in Bezug auf Sicherheit nimmt die Variante mit der Code-Hopping Methode ein. Hierbei hat das Auslesen des übertragenen Signals keine negativen Auswirkungen (Replay-Attacke)[1], da bei jeder Übertragung eine andere Signalfolge geschickt wird. Mit einem Algorithmus wird bei jeder Übergabe das Signal vom Encoder neu verschlüsselt. Der dem Decoder ebenfalls bekannte Algorithmus ermöglicht es dem Empfänger die Daten wieder zu entschlüsseln. Solange der Algorithmus nicht bekannt wird, ist diese Methode im Gegensatz zu den beiden anderen Varianten die einzig sichere, da ein nicht zu verhinderndes Auslesen keine negativen Auswirkungen hat.
Ein bekannter Encoder Chipsatz für die Code-Hopping Methode ist der HCS301 von der Firma Microchip, der für schlüssellose Zutrittssysteme entwickelt wurde. Jede Übergabe besteht aus einem frei programmierbaren 34 Bit-String und einem generierten 32 Bit Hopping-Code.

3 Analyse

Fast in jedem Baumarkt und in vielen Supermärkten findet man verlockende Angebote von Funksteckdosensets bereits ab einem Preis von unter 20 Euro. Im Elektrohandel findet man teurere Varianten, die deren Preis rechtfertigen, weil sie zum Teil sicherere Übertragungsprotokolle verwenden, oftmals verschiedene Sensorenwerte mitübertragen können, in eine vorhandene Hausautomatisierung eingebunden und häufig erweitert werden können.

[1] Unter einer Replay-Attacke versteht man das Mitlesen und Aufzeichnen von Daten um sich danach mit falscher Identität Zugriff zum fremden System zu verschaffen.

3.1 Hersteller am Markt

Da es unmöglich ist alle am Markt befindlichen Hersteller zu vergleichen, wird lediglich ein repräsentativer Teil zur näheren Betrachtung in Bezug auf Frequenz und Protokoll herangezogen.

3.1.1 Frequenz

Die meisten handelsüblichen Funkmodule arbeiten in einem der drei Frequenzbereiche 433MHz, 868MHz bzw. 2,4GHz. Für alle drei Bereiche gibt es Vorteile, Nachteile und eventuell Einschränkungen bezüglich der Sendeleistung und Sendedauer.

Bei den 433MHz und 2,4GHz Bereichen spricht man von den sogenannten ISM-Bändern (Industrial Scientific and Medical), die auch zur Nachrichtenübertragung verwendet werden dürfen. In diesem Frequenzbereich ordnen sich unter anderem Funkalarmsysteme, Bewegungsmelder, Funkmikrofone und Babyphone ein.

Der 2,4GHz-Bereich ist zwar durch WLAN, Bluetooth, et cetera bereits dicht besiedelt und bietet auf Grund der höheren Frequenz auch keine so hohe Reichweite, bietet aber den Vorteil, dass er durch den hohen Datendurchsatz beispielsweise für Videoübertragungen verwendet wird. In diesem Frequenzbereich können Funktelefone, Funkkopfhörer oder Mikrowellenherde zu Störungen bei Übertragungen führen.

Beim 868MHz-Bereich spricht man vom SRD-Band (Short Range Devices), welches bedeutend weniger stark frequentiert ist als der 433MHz-Bereich. Dieser Vorteil wird aber mit einem schmäleren Frequenzband und mit eingeschränkter Sendedauer bezahlt. So ist die Sendedauer zum Beispiel im Bereich von 868,6MHz – 868,7MHz auf 1% also 0,6 Minuten pro Stunde und die Sendeleistung auf maximal 10mW beschränkt [1, S. 4].
Die eingeschränkte Sendedauer spielt aber in der Regel beim Übertragen von Signalen für das Steuern von Lampen, Heizung, Sensoren bei Alarmanlagen und Ähnliches keine Rolle.

3.1.2 Kanalwahl

Teurere Module unterscheiden sich von billigeren dadurch, dass man sie auf mehreren Kanälen betreiben und so Störungen auf frequentierten Kanälen vermeiden kann. Die Kanalwahl kann einerseits hardwareseitig eingestellt werden, andererseits aber auch softwareseitig, beispielweise durch die Software mit RS232-Befehlen.
Besteht diese Möglichkeit nicht, wird zum Beispiel durch zweimaliges Wiederholen des Protokolls und Abfrage, ob beide Male das Gleiche empfangen wurde, die Wahrscheinlichkeit von Fehlübertragungen minimiert.

3.1.3 Protokolle

Grundsätzlich kann man Funkmodule und Funksteckdosen neben den Kategorien, Frequenzbereich und Kanalwahl auch in zwei weitere Gruppen einteilen. Es wird zwischen der Gruppe der öffentlich frei verfügbaren Protokolle und jener der proprietären Protokolle unterschieden.

Bei der zweiten Gruppe befinden sich die Protokolle in den Händen des Herstellers und sind meist im Detail der Öffentlichkeit nicht zugänglich. Da die Protokolle in der Regel mit denen anderer Hersteller nicht kompatibel sind, muss darauf geachtet werden, alle gewünschten Module von einem Hersteller beziehen zu können und darauf vertraut werden, dass dieser Hersteller seine Produktreihe nicht auflässt.

Die Protokolle der Gruppe, die frei verfügbare Protokolle verwenden basieren meist auf einem bestimmten Chipsatz. Diese Chipsätze sind oftmals, da sie dasselbe Protokoll verwenden, untereinander markenunabhängig kombinierbar. Welcher Chipsatz bei Funksteckdosen verwendet wird lässt sich leicht mit einem Blick ins Datenblatt herausfinden. Weiters besteht die Möglichkeit, das Gehäuse aufzuschrauben und dort nachzusehen. Der verwendete Chipsatz ist für das Encodieren und Decodieren des Protokolls verantwortlich. Oftmals gibt es Alternativen der Chipsätze, die ebenfalls verwendet werden können solange die gleiche Ver- und Entschlüsselungsmethode, sowie dieselben Keys, verwendet werden.

3.2 Protokollvergleich

Beim Vergleich der Protokolle von häufig verwendeten Funksteckdosen werden bekannte Chipsätze mit frei zugänglichen Protokollen herangezogen. Das heißt auf Hersteller mit proprietären Protokollen kann in diesem Kapitel nicht eingegangen werden. Da aber viele Funksteckdosen den gleichen Chipsatz verwenden, wird mit den untersuchten Protokollen eine Vielzahl an Herstellern abgedeckt.

3.2.1 Chipsatz: HX2262/2272 (PT2262/2272, SC5262/5272)

Diese Chipsätze werden von der Firma Intertechno, Elro, Wetekom/Westfalia, HIG, Kangtai, Unitec, Arctech, und einigen mehr verwendet.

Stellvertretend wird der Decoder SC5272 betrachtet, welcher gemeinsam mit dem Remote Control Encoder SC5262 für eine für dieses Protokoll funktionierende Übertragung sorgt. Die 18 Pin - und die 20 Pin - Variante unterscheiden sich lediglich durch 2 weitere NC-Pins, die nicht beschaltet sind.

Funktionsbeschreibung:

Der Pin 17 (bei der Pin 18 – Variante) ist der VT – Pin (Valid Transmission) und signalisiert im High – Zustand eine gültige empfangene Übertragung.

Der Pin 14 ist der Data In Pin an welchem das Datentelegramm seriell empfangen wird, welches sowohl die Synchronisationsbits als auch die Datenbits enthält.

Die daraus decodierte Adresse wird mit der sich aus den Adressbits (laut Datenblatt) ergebenen Adresse verglichen.

Damit eine zuverlässige Übertragung möglich ist wird solch ein Protokoll zweimal hintereinander übertragen. Stimmen die Adressbits beide Male überein, werden die entsprechenden Data-Bits auf „1“ gesetzt und der VT-Pin auf high voltage gezogen (um eine erfolgreiche Übertragung anzuzeigen).

Das Besondere bei dem 12 tri-state Protokoll ist, dass die für die Daten verantwortlichen Bits nicht nur 2 Zustände (0 – GND, 1 – VCC) annehmen können, sondern auch einen dritten F – Zustand, wenn man diesen Pin im offenen Zustand belässt.

Daraus folgt, dass bei 12 Eingängen nicht nur 2^12 = 4096 Zustände möglich sind, sondern 3^12 = 551441 Zustände.

Aufbau des Datentelegrammes:

Für jeden der 3 Zustände (0, 1, f) beziehungsweise das Synchronisationsbit wird die Sequenz nachfolgender Tabelle gesendet:

Zustand	Daten	Sequenz (Puls)
0 (VSS)	00	kurz – lang – kurz - lang
1 (VCC)	11	lang – kurz – lang - kurz
F (offen)	01	kurz – lang – lang - kurz
S (Sync)	0	kurz – lang

Tabelle 3: Sequenzfolgen 0,1,f für den Chipsatz SC5272 [18, S. 4]

Wie man aus der nachstehenden Abbildung 22 erkennen kann, besteht der Zustand 0 aus einem High-Anteil der 4 Oszillatortakte lang ist und einen Low-Anteil der 12 Oszillatortakte lang ist. Wie in Tabelle 3 beschrieben, wird diese Sequenz zweimal gesendet.

Analog dazu verhält es sich bei den Zuständen 1 und f, nur dass sich das Verhältnis High-Anteil zu Low-Anteil ändert. Dies ist in der folgenden Abbildung 22 dargestellt.

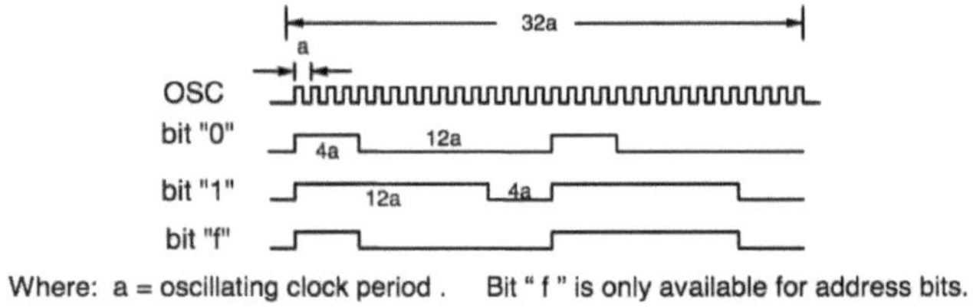

Abbildung 22: Datentelegramm SC 5272 [18]

Bei jedem Tastendruck werden solange Datentelegramme übertragen solange der Taster gedrückt gehalten bleibt. Nach mindestens zwei gleichen hintereinander gesendeten Telegrammen wird das Signal verarbeitet. Damit wird Störungen entgegengewirkt und verhindert, dass falsche Adressbits bzw. Datenbits übergeben werden.

Ein Telegramm oder auch Code-Wort besteht aus 12 Adress- beziehungsweise Datenbits gefolgt von einem Synchronisationsbit welches aus 4 Takten High-Zustand und 28 Takten Low-Zustand gebildet wird (siehe Abbildung 23).

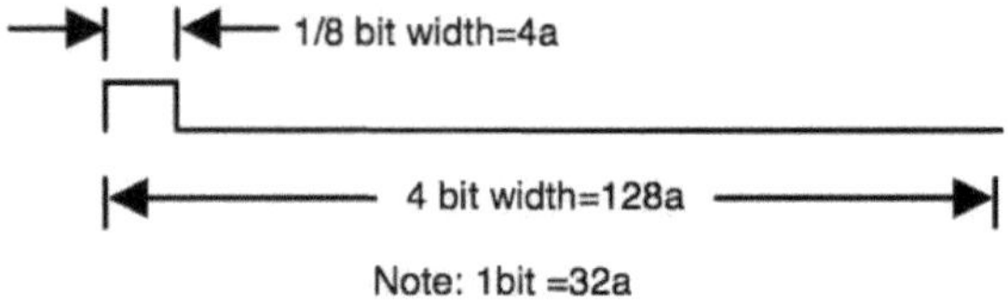

Abbildung 23: Synchronisationsbit [18, S. 5]

3.2.2 Chipsatz: EV1527 / RT1527 / FP1527 / HS1527

Dieser Chipsatz wird von der Firma Pollin, Intertechno, Heidemann und einigen mehr verwendet. Der RT1527 ist ein Encoder mit 8 Pins. Neben der Stromversorgung (Vcc, Gnd) steht noch ein Pin für den Oszillatoreingang (Osc) und ein Pin für den Datenausgang (TXD) zur Verfügung. Die restlichen 4 Pins (K0 – K3) sind Datenpins, welche aktiv High sind. Die benötigten Pulldown Widerstände sind schon intern verbaut, sodass man sich beim Schaltungsdesign nicht mehr darum kümmern muss.

Mit den 4 möglichen Datenpins hat der Anwender die Möglichkeit 16 verschiedene Zustände zu übermitteln. Zum Schalten von Lampen, Funktürglocken und vieles mehr ist diese Anzahl ausreichend.

Der Vorteil dieses Chipsatzes ist die vorgegebene Adresskombination, die mit Hilfe von 20 Bits gebildet wird. Dadurch ergeben sich über 1 Million Möglichkeiten, die das Risiko einer

zufällig identen Adresse (zum Beispiel dasselbe Model des Senders) einerseits durch die hohe Anzahl an Möglichkeiten andererseits durch die fehlende Möglichkeit, den Empfängeradressaten selbst zu bestimmen minimiert.
Ein Auslesen des statischen Protokolls ist aber auch hier möglich, da sich die Pinreihenfolge nicht ändert.
Die Datenübertragung findet automatisch statt sobald mindestens eines der 4 Datenpins (K0 – K3) auf High gezogen wird. Ist dies der Fall wird über den Transmission Pin (TXD) das komplette Protokoll (Adresse + Daten) übergeben (siehe Abbildung 24), bis der beziehungsweise die Pins wieder inaktiv werden.

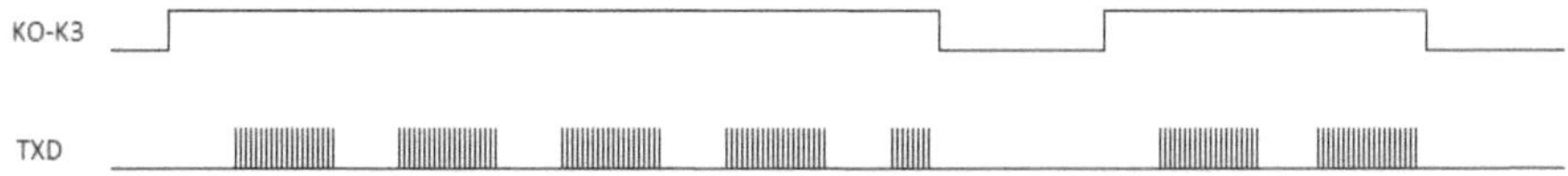

Abbildung 24: Code Frame Encoder Chipsatz RT1527 [19]

Ein Code Word (siehe Abbildung 25), das heißt ein gesamtes Übertragungsprotokoll besteht aus einem Synchronisationsbit (Sync) gefolgt von 20 Adressbits (C0 – C19) und abschließenden 4 Datenbits (K0 – K3).

Sync.	20 Address Bits (C0 ~ CC19)	4 Data Bits (D0 ~ D3)

Abbildung 25: Code Word Encoder Chipsatz RT1527 [19]

Jedes Code Bit dieses Protokolls kann entweder den Zustand High (1) oder den Zustand Low (0) annehmen. Die Gesamtlänge beträgt in jedem Fall 128 Oszillatorschwingungen. Das logische High besteht aus einer Signalfolge High lang – Low kurz im Verhältnis 96:32, das logische Low wird durch eine Signalfolge High kurz – Low lang im Verhältnis 32:96 dargestellt (siehe Abbildung 26).

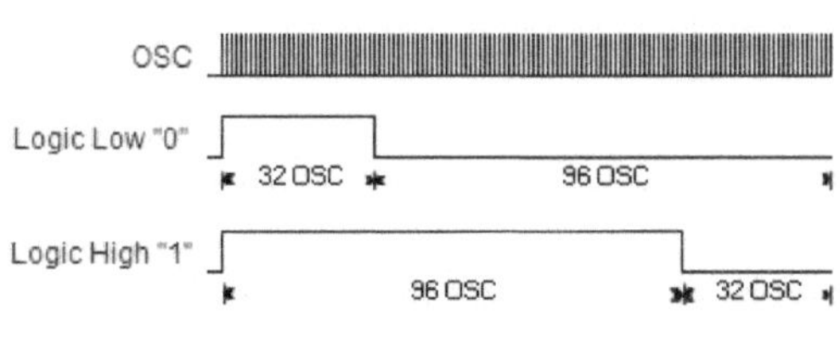

Abbildung 26: Code Bit Encoder Chipsatz RT1527 [19]

Eingeleitet wird ein Code Word mit einem High – Low Impuls im Verhältnis 32 : 992 der Oszillatorschwingungen (siehe Abbildung 27).

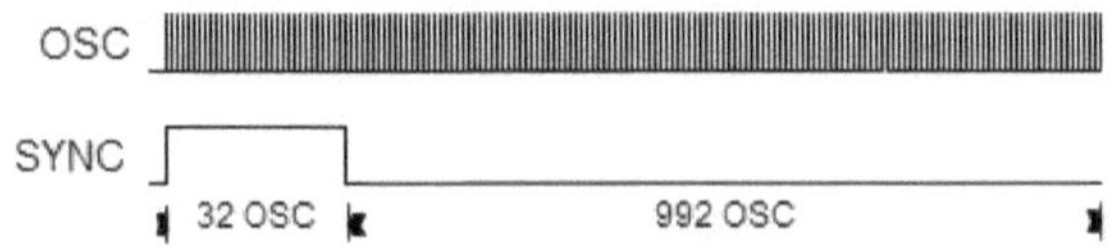

Abbildung 27: Sync Bit Encoder Chipsatz RT1527 [19]

Eine komplette Protokollübergabe, wie in Abbildung 28 dargestellt, besteht aus einem Synchronisationsbit gefolgt von 20 Adressbits und abschließenden 4 Datenbits. In der folgenden Abbildung wird die Adresse 3CAF0 und der Datencode 0001 übergeben.
Bei der Protokollübergabe wird die Bitreihenfolge MSB (most significant bit) verwendet. Dabei werden die Bits jedes Bytes von rechts nach links gelesen. Das heißt das Halbbyte 1000, welches mit der Bitreihenfolge MSB empfangen wird hat den Wert 0001.

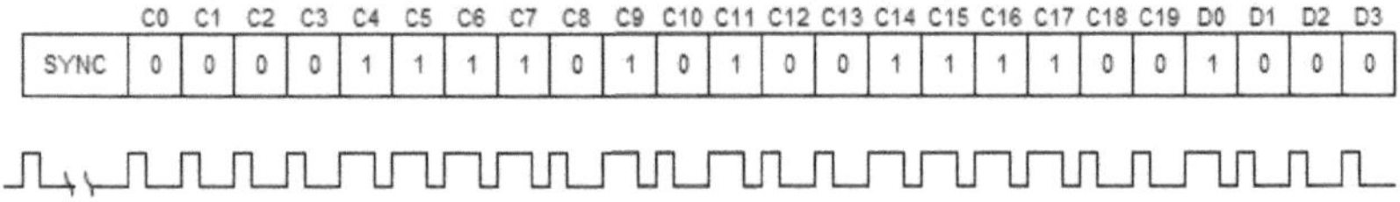

Abbildung 28: Beispiel Protokollübergabe Encoder Chipsatz RT1527 [19]

3.2.3 Chipsatz: HCS301

Der Chipsatz HCS301 ist ein Code Hopping Encoder der Firma Microchip, welcher die patentierte Keeloq Technologie[2] unterstützt. Dieser Chip eignet sich besonders für sichere Anwendungen, beispielweise schlüssellose Zutrittskontrollen bei Autos, Garagen oder Häusern. Im Gegensatz zu den bisher vorgestellten Protokollen wird ein Teil des Protokolls dynamisch generiert. Das heißt dieser Teil des Codes wird mit einem nicht linearen Algorithmus bei jeder Übertragung neu und einzigartig erzeugt, sodass ein Sniffen und nochmaliges Abspielen des Codes (RF Replay) keine negativen Auswirkungen nach sich ziehen würde. Eine zusätzliche Sicherheit ist, dass sich auch bei einer minimalen Änderung des Codes um ein Bit das komplette Protokoll um mindestens 50 Prozent ändert. Sowohl der Verschlüsselungsalgorithmus als auch die Seriennummer und Konfigurationsdaten sind auf einem EEPROM gespeichert, der auch bei Diebstahl nicht auslesbar ist.
Der 8 Pin-Chip besitzt neben den 2 Versorgungsspannungspins und dem PWM-Pin für das Übertragungsprotokoll noch einen LED-Pin, der eine Übertragung quittiert beziehungsweise bei schwacher Batteriespannung warnt.

[2] Keeloq ist ein von der Firma Microchip entwickelter proprietärer Verschlüsselungsalgorithmus, mit dessen Hilfe ein Teil des Protokolls bei jeder Übertragung neu generiert wird, sodass auch durch Replay Attacken kein unbefugter Zutritt möglich ist.

Die verbleibenden 4 Pins (S0 bis S3) erlauben das Verschicken eines 4 Bit – Datenwortes.

Beim Verschicken von Daten handelt es sich um ein 4 Bit Datenpaket gefolgt von einer im EEPROM gespeicherten 28 Bit Seriennummer. Danach wird eine verschlüsselte 32 Bit Information angehängt. Wie in der nachfolgenden Abbildung 29 ersichtlich generieren sich die verschlüsselten Daten mit Hilfe des KeeLoq Encryption Algorithmus durch einen sogenannten Crypt Key und dem Sync Counter, welche beide im EEPROM gespeichert sind. Dadurch ergibt sich ein Übertragungsprotokoll mit einer Datenlänge von 66 Bit.

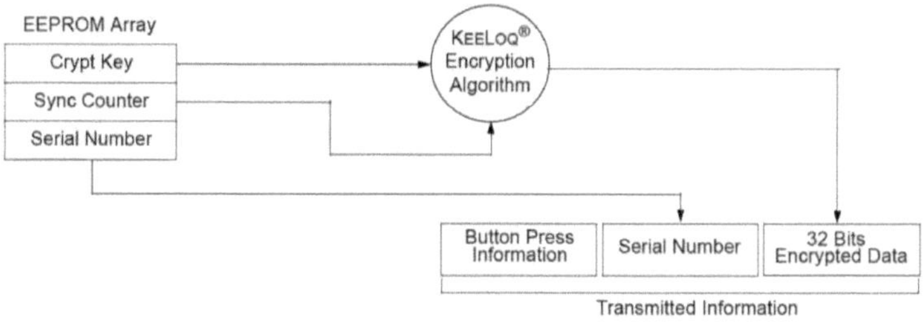

Abbildung 29: Building the transmitted code (Encoder) [20, S. 4]

Vom empfangenen Protokoll (siehe Abbildung 30), bestehend aus den eigentlichen Steuerungsdaten (4 Bit), der Seriennummer (28 Bit) und den verschlüsselten Daten (32 Bit) wird die Seriennummer mit der im EEPROM gespeicherten Seriennummer verglichen. Anschließend werden die verschlüsselten Daten mit Hilfe des auf dem EEPROM gespeicherten Sync Keys entschlüsselt und der damit errechnete Synchronisation Counter ebenfalls mit dem hinterlegten Sync Counter verglichen. Erst wenn beides übereinstimmt wird die Dateninformation für die eigentliche Anwendung weiterverarbeitet.

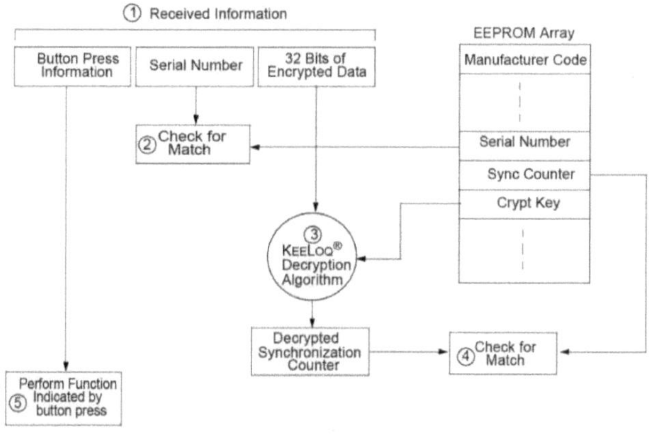

Abbildung 30: Basic operation of receiver (Decoder) [20, S. 4]

Um Batterie in der Fernbedienung zu sparen „erwacht“ der IC automatisch aus dem Standby Modus nachdem eine Taste gedrückt wurde. Es wird ebenfalls nach jedem Tastendruck eine 10ms Pause angehängt, sodass man sich softwareseitig nicht mehr um eine Entprellung des Tasters kümmern muss. Der Hoppping Code Anteil (32 Bit) wird bei jeder Übertragung neu generiert, wobei mindestens 50 Prozent des Protokolls geändert wird, auch wenn die gleiche Taste noch einmal gedrückt wird, wodurch es dem Angreifer noch schwieriger gemacht wird den Verschlüsselungsalgorithmus zu knacken.
Der 16 Bit breite Synchronisations Counter, der bei jeder Übertragung inkrementiert wird, gewährleistet für mehr als 65000 Übertragungen ein unterschiedliches Protokoll. So ist ein sich nicht wiederholender Code für 18 Jahre garantiert, wenn man von einer Benützung von 10 mal am Tag ausgeht.

3.2.4 Übersichtstabelle Protokolle

Mit folgender Übersichtstabelle (Tabelle 4) werden die wichtigsten Merkmale der drei zuvor untersuchten Protokolle verglichen.
Alle Protokolle verwenden die Amplitudenmodulation, insbesondere das On Off Keying. Während sich die Protokolllänge deutlich unterscheidet, spielt die Anzahl möglicher Empfänger kaum eine Rolle. Wesentlicher ist der Sicherheitsanspruch der drei Protokolle, der sich in den Punkten Hopping Code, Missbrauch durch Replay Attacken und möglichem Einsatz für Zutrittskontrollen widerspiegelt. Lediglich der Chipsatz HCS301 erfüllt diese Ansprüche und eignet sich daher für den sicherheitskritischen Einsatz.

Übersichtstabelle Protokolle			
Chipsatz	**xx2262**	**xx1527**	**HCS301**
Protokolllänge	12 Bit (Tristate)	24 Bit	66 Bit
Modulation	AM (OOK)	AM (OOK)	AM (OOK)
Anzahl Empfänger	5	4	3
Hopping Code	Nein	Nein	Ja
Missbrauch durch Replay Attacken	Ja	Ja	Nein
Einsatz	Funksteckdosen	Funksteckdosen	Zutrittskontrollen

Tabelle 4: Übersichtstabelle Protokolle

4 Anwendungsszenario

In diesem Kapitel werden gängige sich am Markt befindliche Funksteckdosen bezüglich Chipsätzen, Protokollen und Sicherheitsaspekten (Replay Attacken) untersucht. Als Modulation wird meist die einfachste Form von Amplitudenmodulation verwendet, das sogenannte OOK – On Off Keying. Dabei entspricht ein vorhandenes Trägersignal einer logischen Eins während das Nichtvorhandensein einer logischen Null entspricht.

4.1 Sicherheitsunkritische Anwendung

Die erste untersuchte Sender–Funksteckdosen Kombination ist das Set von Intertechno IT-1500. Im Empfänger befindet sich der EEPROM 24C04A, der den angelernten Code speichert.

Im Sender (Abbildung 31 und Abbildung 32) befindet sich ein 8poliger Chipsatz (Abbildung 33 und Abbildung 34), der sich aber nicht einem bestimmten Hersteller zuordnen lässt. Durch Probieren mit einem Logic Analyser lässt sich aber am Pin 2 das Signal abnehmen und untersuchen. Unter anderen wird dieser Chipsatz von der Firma Intertechno, Heidemann, CoCo Technologies verwendet.

Abbildung 31: Sender IT-1500, Vorderansicht

Abbildung 32: Sender IT-1500, Rückansicht

Abbildung 33: Sender IT-1500, Platine

Abbildung 34: Sender IT-1500, Chipsatz 611S21

Der im Sender verwendete Chip sendet je nach Tastendruck einen 32bit Code, der sich aus 3 Teilen zusammensetzt. Die ersten 26 Bits sind die eigentliche ID des Senders und ermöglichen über 67 Millionen verschiedene Kombinationen. Somit ist gewährleistet, dass nicht mehrere markengleiche Sender in einem Haushalt den gleichen Verbraucher schalten.

Die nächsten 2 Bits dienen dem Ein- und Ausschalten von zugehörigen Empfängern. Während das zweite dieser Bits (Bit28) einzelne Empfänger ansteuert, schaltet das Bit27 alle Empfänger dieser Gruppe ein bzw. aus.

Mit den letzten 4 Bits können bis zu 16 verschiedene Empfänger einer Gruppe angesteuert werden.

Sowohl das 0-Bit als auch das 1-Bit wird durch 2 High Flanken dargestellt, welche sich alleine durch den zeitlichen Abstand der High Flanken unterscheiden.

Mit diesem Wissen werden die vier folgenden Protokolle betrachtet (Abbildung 35) welche beim Drücken der Tasten Gerät1 ein, Gerät1 aus, Gerät2 ein und Gerät2 aus gesendet werden.

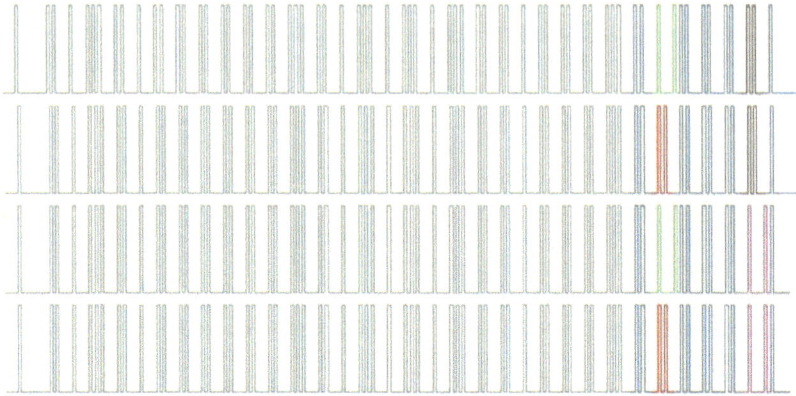

Abbildung 35: Protokolle des Intertechno Senders IT-1500
(von oben nach unten: *Gerät 0 – ein, Gerät 0 – aus, Gerät 1 – ein, Gerät 1 – aus)*

Basierend auf den Darstellungen der Signalbits 0 und 1 der Abbildung 36 und Abbildung 37 erkennt man in den Protokollen folgende Signalfolgen:

Gerät 0 – ein: 01001111111001010100011110 01 0000

Gerät 0 – aus: 01001111111001010100011110 00 0000

Gerät 1 – ein: 01001111111001010100011110 01 0001

Gerät 1 – aus: 01001111111001010100011110 01 0001

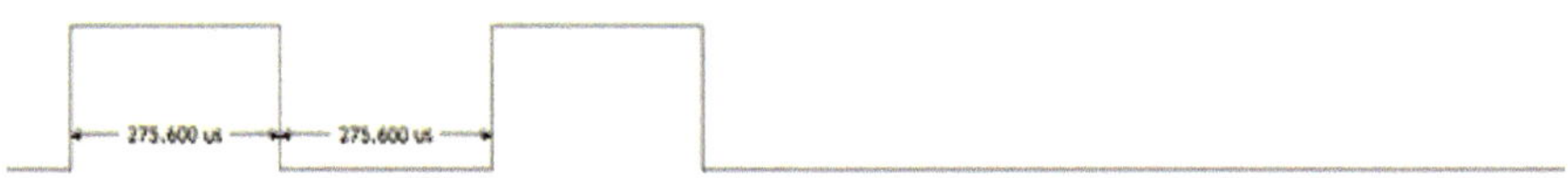

Abbildung 36: Signalbit 0 des Intertechno Senders IT-1500

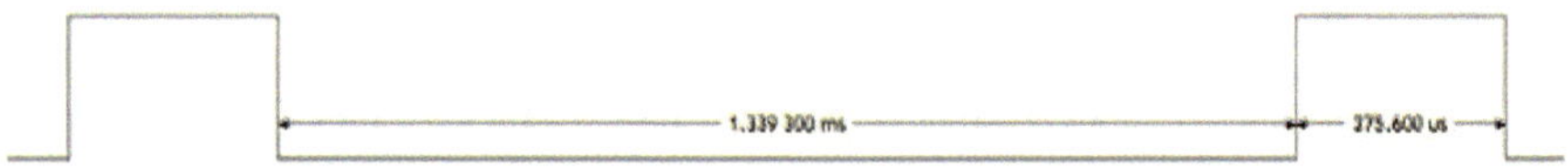

Abbildung 37: Signalbit 1 des Intertechno Senders IT-1500

Die ersten 26 Bits (grau) ergeben die senderspezifische ID des Transmitters, welche fix vorprogrammiert ist. Es folgen 2 Bits wobei das zweite davon (Bit 28) Auskunft darüber gibt, ob der On Button (grün) oder Off Button (rot) gedrückt wird. Bei den letzten 4 Bits handelt es

sich um die Ansteuerung eines von 16 möglichen Empfänger (Gerät 0 – schwarz, Gerät 1 – rosa).
Auch die Funksteckdosen Sender von Hama, welche einen anderen Chipsatz (TE90TP16N) verwenden, bedienen sich eines ähnlichen Protokolls. Die Unterscheidung findet man lediglich in dem etwas geringeren Zeitabstand zwischen den High Flanken und der geringerer Bit-Breite (siehe Abbildung 38 und Abbildung 39).

Abbildung 38: Signalbit 0 des Hama Senders 121938

Abbildung 39: Signalbit 1 des Hama Senders 121938

Auch bei diesem Protokoll (siehe Abbildung 40) eilt eine fixe 26 Bit ID voraus, welche beim Empfänger einmalig angelernt werden muss. Es folgen 2 weitere Bits, wobei das erste (Bit 27) entscheidet, ob lediglich ein oder mehrere Empfänger einer bestimmten Gruppe angesprochen werden. Das zweite Bit (Bit 28) löst den eigentlichen On bzw. Off Befehl aus. Die letzten 4 Bits sprechen einen von 16 möglichen Empfängern an.

Abbildung 40: Protokolle des Hama Senders 121938
von oben nach unten: Gerät 0 (ID 1111) – aus, Gerät 0 (ID 1111)- ein, alle Geräte – ein, alle Geräte - aus

Beim Betrachten der Protokolle (Abbildung 40) erkennt man folgende Bitfolgen:

Gerät 0 – aus:	01010011001111101111111110	00	1111
Gerät 0 – ein:	01010011001111101111111110	01	1111
alle Geräte – ein:	01010011001111101111111110	11	1111
alle Geräte – ein:	01010011001111101111111110	10	1111

Abgesehen von anderen Übertragungszeiten bei der Modulation wird auch bei diesem Chipsatz das Protokoll wie folgt interpretiert:

- 26 Bits für eine fixe senderspezifische ID.
- Bit 27 entscheidet, ob eine komplette Gerätegruppe angesteuert wird.
- Bit 28 sendet den On- bzw. Off Befehl zum Schalten des Empfängers.
- Die letzten 4 Bits sprechen den jeweiligen Empfänger an.

4.2 Sicherheitskritische Anwendung

Für die Betrachtung im sicherheitskritischen Bereich wurde stellvertretend eine Garagentor Steuerung der Firma AS Torantriebe untersucht. Der Sender dieses Systems basiert auf dem Decoder Chipsatz HCS301 der Firma Microchip, der das Anwenden von Replay-Attacken nutzlos macht, da bei jedem Tastendruck eine neue Signalfolge gesendet wird.

In den folgenden Abbildungen sieht man den Sender (Abbildung 41), die Platine (Abbildung 42) und eine Nahaufnahme der Platine mit dem Chipsatz HCS301 (Abbildung 43) inklusive dem Data Outpin, der das Protokoll sendet.

Abbildung 41: Sender AS Torantriebe

Abbildung 42: Platine Sender

Abbildung 43: Platine (detailliert) Sender

Für die Unterscheidung einer logischen Eins und Null in einem Protokoll wird jedes übertragene Signalbit gedrittelt. Während eine Highflanke über zwei Drittel eine logische Null bedeutet, wird eine logische Eins durch eine Highflanke über ein Drittel dargestellt (siehe Abbildung 44).

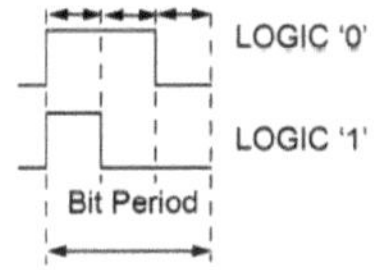

Abbildung 44: Flankenlänge eines Signalbits des Microchip HCS301 [20, S. 9]

In der folgenden Abbildung 45 werden die einzelnen Protokollabschnitte der Signalfolge genauer betrachtet.

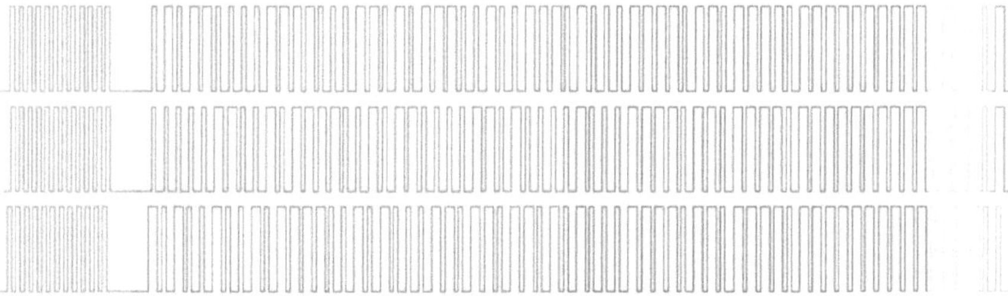

Abbildung 45: Protokolle des Microchip Chipsatzes HCS301
von oben nach unten: Tor zu - Tor zu - Tor auf

Zu Beginn eilt eine sogenannte Präambel (rosa) voraus, die für die „Taktfindung" sorgt. Es folgt ein 32 Bit Code (blau), der unter Zuhilfenahme des im EEPROM gespeicherten Algorithmus gebildet wird. Dieser Codeteil ändert sich bei jedem Tastendruck und sorgt für die Sicherheit dieses Protokolls, da dadurch Replay-Attacken zwecklos sind. Dies lässt sich anhand der drei Protokolle in Abbildung 45 beobachten. Der restliche Code besteht aus drei weiteren Abfolgen.

Beim ersten Teil erkennt man den 28 Bit Seriennummer-Code (schwarz), der bei allen drei Protokollen identisch ist. Danach ist der 4 Bit Button Status (orange) ersichtlich, welcher für die Erkennung der gedrückten Taste verantwortlich ist.

Das Ende bilden die Bits 65 und 66, wobei das Bit 65 (grau) als logische Null übertragen wird, sofern die Batteriespannung über einem einstellbaren Spannungswert liegt und somit dem Detektieren einer „schwachen" Batterie dient.

Das letzte Bit sorgt dafür, dass erkannt wird, ob derselbe Code mehrmals gesendet wurde ohne die Taste loszulassen. In diesem Fall wird das Bit auf eine logische Eins gesetzt.

Erstes und zweites Protokoll (Abbildung 45):

Bit 66 (rot) = 1 ➔ einmalige Übertragung (Taste losgelassen)

Drittes Protokoll (Abbildung 45):

Bit 66 (grün) = 1 ➔ mehrmalige Übertragung (Taste gehalten)

5 Zusammenfassung

Das Ziel dieser Arbeit war es, gängige am Markt vorhandene Funksteckdosen und Funkmodule im 433MHz Bereich zu untersuchen um einen Überblick des reichlichen Angebots zu erhalten. Zu diesem Zweck wurden die Protokolle verschiedener Hersteller auf Gemeinsamkeiten untersucht und analysiert, um sie anschließend in Kategorien bezüglich Anlernbarkeit und Sicherheit einteilen zu können. Es stellte sich heraus, dass, wenn man vom Bereich der Zutrittskontrollen absieht, sich die Protokolle lediglich in der Paarung beziehungsweise im automatischen Anlernen zwischen Funksender und Funkempfänger unterscheiden. Leider kann man Sender beziehungsweise Empfänger verschiedener Hersteller untereinander nicht kombinieren, obwohl oftmals dieselben Chipsätze verbaut sind, da meist eine andere Taktrate oder andere Bitfolgen für eine logische Eins beziehungsweise logische Null verwendet werden.

Was den sicherheitstechnischen Aspekt - zum Beispiel im Bereich der Zutrittskontrollen betrifft - konnte festgestellt werden, dass Chipsätze mit sogenannten rolling Code beziehungsweise hopping Code verwendet werden müssen, um diesen Anforderungen einigermaßen gerecht zu werden. Replay Attacken, bei denen das Funkprotokoll ausgelesen wird, um sich mit dem kopierten Code missbräuchlich Zutritt zu verschaffen, sind somit zwecklos, da sich der Code bei jeder Übertragung neu generiert.

Der letzte Teil dieser Arbeit beschäftigt sich mit der Analyse der Protokolle und veranschaulicht mit von einem Logic Analyzer ausgelesenen Protokollen die davor aufgestellte Theorie.

Abschließend lässt sich sagen, dass der Einsatz von Funksystemen vom jeweiligen Zweck abhängig gemacht werden sollte. Während Steuerungen von Lampen und Markisen keinen hohen Sicherheitsanspruch haben, bewähren sich für Zutrittskontrollen Systeme mit hopping

Code. Bezüglich des Sicherheitsaspektes verhält es sich bei Funkanwendungen ähnlich wie bei konventionellen Schlosssystemen. Eine hundertprozentige Sicherheit gibt es zwar nicht, ein höherer technischer Aufwand beim Identitätsdiebstahl macht sicherere Systeme aber weniger attraktiv für Angreifer.

5.1 Ausblick

Obwohl die in dieser Arbeit untersuchten Protokolle und Chipsätze dem heutigen Stand der Technik entsprechen, versuchen immer mehr „Maker" aus der sogenannten „Do it yourself"-Szene eigene individuelle Projekte bezüglich Hausautomation beziehungsweise Smart Homes umzusetzen.

Da die Protokolle vieler Funksender bekannt sind, lassen sich mit einem Raspberry Pi, Arduino und anderen Mikrocontrollern Funkempfänger steuern beziehungsweise Funksteckdosen schalten. Mit eigener Programmierung und der Implementierung verschiedenster Sensoren wird nahezu jegliche Steuerungsaufgabe möglich, was bislang nur teureren Systemen vorbehalten ist. So kann zusätzlich durch die Implementierung eigener Protokolle verhindert werden, dass der Nachbar mit einer Fernbedienung des gleichen Modells fremde Funkempfänger steuert.

Wie so ein System aussehen könnte und wie man mit Hilfe von Mikrocontrollern und Sensoren Steuerungsaufgaben durchführen und sich dadurch ein eigenes einfaches Smart Home schaffen kann wird im zweiten Teil dieser Arbeit untersucht.

Literaturverzeichnis

[1] Bundesnetzagentur, „Funkanwendungen auf den ISM-Bändern“, 30-Apr-2015. [Online]. Verfügbar unter: http://emf3.bundesnetzagentur.de/pdf/ISM-BNetzA.pdf. [Zugegriffen: 07-Nov-2016].

[2] IT Wissen, „Bandbreite“, *IT Wissen*, o.A. [Online]. Verfügbar unter: http://www.itwissen.info/definition/lexikon/Bandbreite-BW-bandwidth.html. [Zugegriffen: 07-Nov-2016].

[3] Ingenieurbüro für Elektronik, „INFOBLATT 433MHz-FM-Transceiver RT433F1“, Dez-2002. [Online]. Verfügbar unter: http://www.funkmodul.com/funkmodule/transceiver_daten/RT433F1.pdf. [Zugegriffen: 08-Nov-2016].

[4] Ingenieurbüro für Elektronik, „INFOBLATT 433MHz-FM-Mehrkanal-Transceiver RT433F4“, Jän-2005. [Online]. Verfügbar unter: http://www.funkmodul.com/funkmodule/transceiver_daten/RT433F4.pdf. [Zugegriffen: 08-Nov-2016].

[5] P. Schnabel, *Kommunikationstechnik-Fibel*, 4. Aufl. o.A.: o.A., 2015.

[6] abiweb, „Elektromagnetischer Schwingkreis“, o.A. [Online]. Verfügbar unter: https://www.abiweb.de/physik-elektromagnetismus/elektromagnetische-schwingungen /elektromagnetischer-schwingkreis.html. [Zugegriffen: 11-Nov-2016].

[7] Konradin Medien GmbH, „Schwingkreis“, 2016-2014. [Online]. Verfügbar unter: http://www.wissen.de/lexikon/schwingkreis.

[8] R. Gessler und T. Krause, *Wireless-Netzwerke für den Nahbereich: Eingebettete Funksysteme: Vergleich von standardisierten und proprietären Verfahren*. Wiesbaden: Vieweg+Teubner Verlag.

[9] M. Kraußе und R. Konrad, *Drahtlose ZigBee-Netzwerke: Ein Kompendium*. Wiesbaden: Springer Vieweg, 2014.

[10] K. Beuth, S. Breide, C.-F. Lüders, G. Kurz, und R. Hanebuth, *Nachrichtentechnik*, 4 Aufl. Würzburg: Vogel Business Media, 2016.

[11] R. Küng, „Kapitel 2: Ausbreitung von Radiowellen I“, 2009. [Online]. Verfügbar unter: https://home.zhaw.ch/kunr/NTM1/unterlagen/Kap2_Propagation_2009v1_2.pdf. [Zugegriffen: 21-Nov-2016].

[12] M. Werner, *Information und Codierung*, 2. Aufl. Wiesbaden: Vieweg+Teubner, 2008.

[13] T. Borys und C. Urff, „Codierung und Kryptographie“, Bielefeld, 04-März-2005.

[14] P. Höher, *Grundlagen der digitalen Informationsübertragung*, 2. Aufl. Wiesbaden: Springer Vieweg, 2013.

[15] D. Mietke, „Informations- und Kommunikationstechnik“, 2016-2002. [Online]. Verfügbar unter: http://elektroniktutor.de/internet/codes.html. [Zugegriffen: 20-Nov-2016].

[16] R. Küng und M. Rupf, „Kapitel 6: Digitale Übertragung im Basisband“, 2008. [Online]. Verfügbar unter: https://home.zhaw.ch/~kunr/NTM1/unterlagen/Kap6_baseband_2008v1_4.pdf. [Zugegriffen: 22-Nov-2016].

[17] D. Hoffmann, „Datenpräsentation und -übertragung“, Karlsruhe, 2014.

[18] Silan Semiconductors, „Remote Control Decoder SC5272“, 08-März-2004. [Online]. Verfügbar unter: http://maltepoeggel.de/data/usbfunk/sc5272.pdf. [Zugegriffen: 12-Dez-2016].

[19] Rato, „RT1527“, 2014. [Online]. Verfügbar unter: http://www.datasheetframe.com/PDF/RT1527-PDF/633662. [Zugegriffen: 01-Feb-2017].

[20] Microchip, „HCS301“, 2011. [Online]. Verfügbar unter: http://ww1.microchip.com/downloads/en/devicedoc/21143b.pdf. [Zugegriffen: 01-Feb-2017].

Abbildungsverzeichnis

Tabellenverzeichnis

Abkürzungsverzeichnis

AM	Amplitudenmodulation
ASCII	American Standard Code for Information Interchange
CRC	Cyclic Redundancy Check
EEPROM	Electrically Erasable Programmable Read Only Memory
FDD	Frequency Division Duplex
FM	Frequenzmodulation
GND	Ground
IC	Integrated Circuit
ID	Identifikation
ISM-Band	Industrial, Scientific and Medical Band
LED	Light Emitting Diode
NC-Pin	Not Connected Pin
NRZ	Non Return to Zero
NRZI	Non Return to Zero Inverted
OOK	On Off Keying
OSC	Oszillator
PM	Phasenmodulation
RF	radio frequency
RZ	Retourn to Zero
SRD	Short Range Devices
TDD	Time Division Duplex
TV	Television
TXD	Transmission Pin
VCC	positive Versorgungsspanne
VSS	negative Versorgungsspanne
VT-Pin	Valid Transmission Pin
WLAN	Wireless Local Area Network
XOR	Exklusive oder